优秀技术工人
百工百法丛书

张剑云工作法

低合金铸钢中频炉熔炼

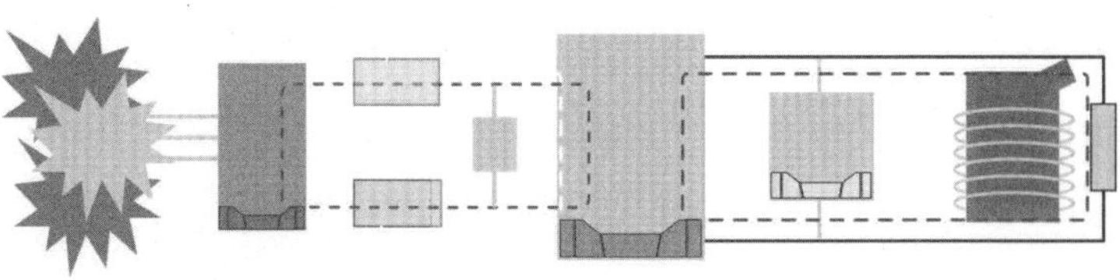

中华全国总工会 组织编写

张剑云 著

中国工人出版社

技术工人队伍是支撑中国制造、中国创造的重要力量。我国工人阶级和广大劳动群众要大力弘扬劳模精神、劳动精神、工匠精神，适应当今世界科技革命和产业变革的需要，勤学苦练、深入钻研，勇于创新、敢为人先，不断提高技术技能水平，为推动高质量发展、实施制造强国战略、全面建设社会主义现代化国家贡献智慧和力量。

——习近平致首届大国工匠
创新交流大会的贺信

优秀技术工人百工百法丛书

铁路卷

编委会

序

党的二十大擘画了全面建设社会主义现代化国家、全面推进中华民族伟大复兴的宏伟蓝图。要把宏伟蓝图变成美好现实，根本上要靠包括工人阶级在内的全体人民的劳动、创造、奉献，高质量发展更离不开一支高素质的技术工人队伍。

党中央高度重视弘扬工匠精神和培养大国工匠。习近平总书记专门致信祝贺首届大国工匠创新交流大会，特别强调“技术工人队伍是支撑中国制造、中国创造的重要力量”，要求工人阶级和广大劳动群众要“适应当今世界科技革命和产业变革的需要，勤学苦练、深入钻研，勇于创新、敢为人先，不断提高技术技能水平”。这些亲切关怀和殷殷厚望，激励鼓舞着亿万职工群众弘扬劳模精神、劳动精神、工匠精神，奋进新征程、建功新时代。

近年来，全国各级工会认真学习贯彻习近平总书记关于工人阶级和工会工作的重要论述，特别是关于产业工人队伍建设改革的重要指示和致首届大国工匠创新交流大会贺信的精神，进一步加大工匠技能人才的培养选树力度，叫响做实大国工匠品牌，不断提高广大职工的技术技能水平。以大国工匠为代表的一大批杰出技术工人，聚焦重大战略、重大工程、重大项目、重点产业，通过生产实践和技术创新活动，总结出先进的技能技法，产生了巨大的经济效益和社会效益。

深化群众性技术创新活动，开展先进操作

法总结、命名和推广，是《新时期产业工人队伍建设改革方案》的主要举措。为落实全国总工会党组书记处的指示和要求，中国工人出版社和各全国产业工会、地方工会合作，精心推出“优秀技术工人百工百法丛书”，在全国范围内总结100种以工匠命名的解决生产一线现场问题的先进工作法，同时运用现代信息技术手段，同步生产视频课程、线上题库、工匠专区、元宇宙工匠创新工作室等数字知识产品。这是尊重技术工人首创精神的重要体现，是工会提高职工技能素质和创新能力的有力做法，必将带动各级工会先进操作法总结、命名和推广工作形成热潮。

此次入选“优秀技术工人百工百法丛书”作者群体的工匠人才，都是全国各行各业的杰出技术工人代表。他们总结自己的技能、技法和创新方法，著书立说、宣传推广，能让更多人看到技术工人创造的经济社会价值，带动更多产业工人积极提高自身技术技能水平，更好地助力高质量发展。中小微企业对工匠人才的孵化培育能力要弱于大型企业，对技术技能的渴求更为迫切。优秀技术工人工作法的出版，以及相关数字衍生知识服务产品的推广，将对中小微企业的技术进步与快速发展起到推动作用。

当前，产业转型正日趋加快，广大职工对于技术技能水平提升的需求日益迫切。为职工群众创造更多学习最新技术技能的机会和条件，传播普及高效解决生产一线现场问题的工法、技法和创新方法，充分发挥工匠人才的“传帮带”作用，工会组织责无旁贷。希望各地工会能够总结、命名和推广更多大国工匠和优秀技术工人的先进工作法，培养更多适应经济结构优化和产业转型升级需求的高技能人才，为加快建设一支知识型、技术型、创新型劳动者大军发挥重要作用。

中华全国总工会兼职副主席、大国工匠

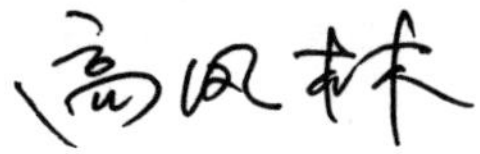

作者简介
About The Author

张剑云

1979年出生，中共党员，中车戚墅堰机车车辆工艺研究所股份有限公司（以下简称“戚墅堰所”）金属材料技术研发中心科试班班长，熔化工高级技师、铸造高级工程师、中车首席技能专家，享受国务院政府特殊津贴。曾获“全国劳动模范”“全国五一劳动奖章”“中国铸造大工匠”“中央企业优秀共产党员”“江苏好人”“常州市突出贡献人才”“龙城工匠”等荣誉。

他发明的“小型钢水浇包包衬及其制备方法”获得常州市职工十大发明专利；主创的“高速动车组铝合金齿轮箱铸件成型工艺改进及质量控制研究”获得中车科学技术三等奖；助力动车组齿轮箱铸件获得中国国际铸造展金铸件奖。他为“ISO945-4 球墨铸铁球化率分级评定方法”国际标准项目组解决了标准试样难题，助力戚墅堰所首次制定国际标准。他长期致力于解决轨道交通关键铸件质量问题，为动车组关键铸件质量提升和“复兴号”动车组齿轮传动系统的保驾护航作出了重要贡献。

工/匠/寄/语

以担当精进创新跃升之奋斗精神
铸就高铁金名片！

张剑云

目　　录
Contents

引　言 Introduction

铸造是人类掌握比较早的一种金属热加工工艺，已有约 6000 年的历史，在工业母机、航空航天、核电、轨道交通、汽车等工业领域占有重要地位，是制造业的基石。

据统计，2023 年中国铸件产量 5695 万吨，同比增长 5.4%。其中轨道交通铸件 221 万吨，占比 3.9%。“复兴号”动车组的制动盘、轴箱体、车钩等铸件均采用的是低合金铸钢件。随着高铁速度越来越快，对铸钢件质量的要求也越来越高。

目前轨道交通用的中小型关键铸钢件大多采用中频炉熔炼生产。在铸造行业中有句流行的口号："三分造型，七分熔炼。"这充分体现了熔炼工序在铸造过程中的重要性。熔炼水平的高低直接决定了铸件内在质量的高低，而铸件内在质量决定了铸件在产品使用过程中的可靠性。轨道交通车辆、汽车等产品安保件的失效，往往会造成安全事故，所以说提高熔炼水平是广大铸造从业者的重要工作方向。

本书将笔者在低合金铸钢中频炉熔炼操作过程中的一些心得体会和工作经验与大家分享，供大家参考借鉴。由于笔者水平有限，本书的不足之处请大家批评指正。

第一讲

低合金铸钢中频炉熔炼概述

中频感应电炉（以下简称“中频炉”）熔炼（如图 1 所示）由于具有能耗低、污染排放少、金属元素烧损少、温度可控、操作方便、占地面积小等优点，被广泛应用于铸钢、铸铁件生产。据统计，使用中频炉熔炼生产铸件的企业占铸造企业总数的 90% 以上。

图 1　中频炉熔炼现场

一、中频炉熔炼原理

简单地说，中频炉熔炼原理（如图2所示）就是电能通过设备转换成热能的过程。中频150~10000Hz的三相交流电通过设备里的可控硅整流，变成脉动的直流电源，再通过可控硅逆变，向炉体输出中频交流电。而IGBT中频电源则是通过三相桥式全控整流电路将输入的交流电转化为直流电，并经电抗器平波后输出。中频电流通过炉体感应线圈时，把电能转换成磁场形式的磁能，也就是在炉体内产生交变磁场。当炉体

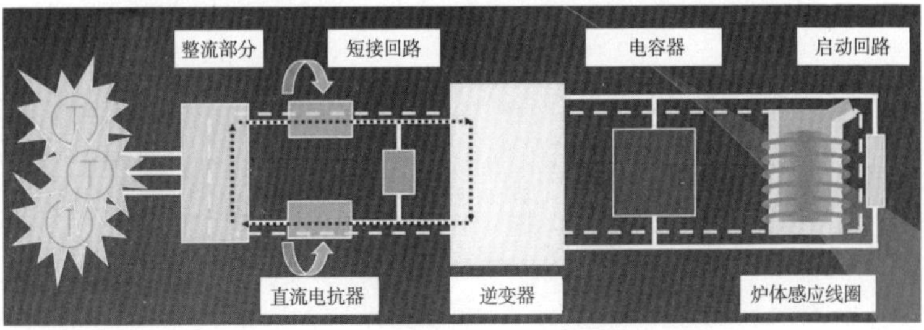

图2　中频炉熔炼原理图

内有金属炉料时，会在炉料内部及周围感应出涡流（电磁感应）。涡流会将磁能转换成热能，使炉料很快升温熔化并达到所需的温度，从而最终完成电能和热能的转换。

二、中频炉设备组成

中频炉主要由四部分组成：炉体部分（如图 3 所示），包括炉架、感应线圈、炉盖、炉衬等，

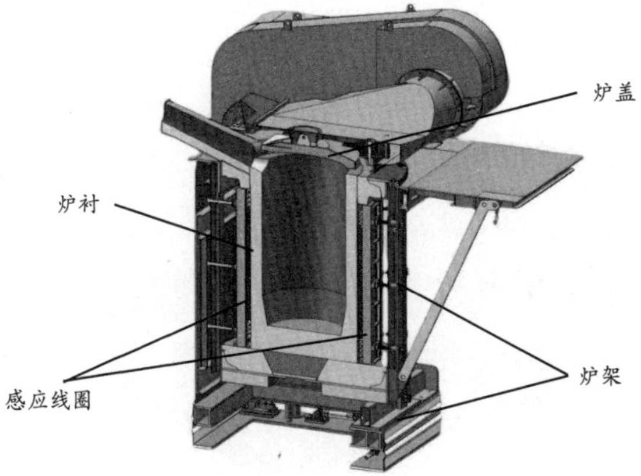

图 3　中频炉炉体剖面图

起到熔融和储存金属液的作用；电源部分（如图4所示），主要采用中频可控硅变频电源和IGBT中频电源，包括整流器、逆变器、变压器、电容器等，起到提供电源、调节功率的作用；液压部分，包括液压泵（如图5所示），倾炉油缸等，起到翻转炉体的作用；循环水冷却部分（如图6所示），包括对感应线圈、电容器、电缆、中频可控硅变频电源等装置的冷却，起到保护元器件正常工作的作用。

图4 中频炉电源控制系统

图 5　中频炉液压泵

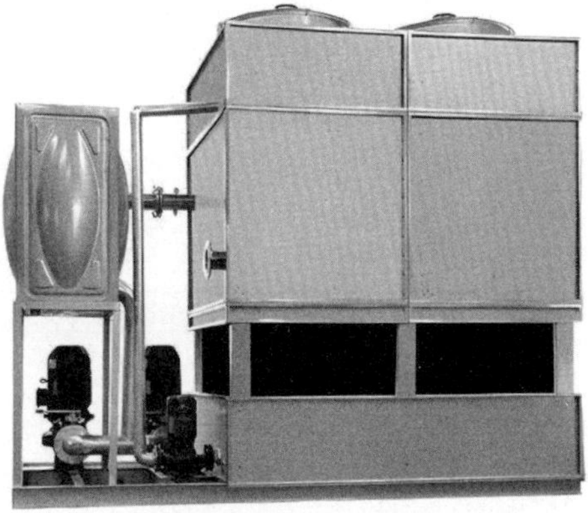

图 6　中频炉循环水冷却系统

除了这四大关键组成部分，还包括除尘系统、应急电源、应急水等。

三、低合金铸钢概述

低合金铸钢是在铸造碳钢的化学成分基础上少量加入一种或几种合金元素所构成的钢种，其合金元素的总含量不超过5%。轨道交通车辆中的关键铸钢件如摇枕、侧架、制动盘、车钩等采用了B、B+、C、D、E等级别的低合金铸钢，具体成分、力学性能、非金属夹杂物等要求见表1、表2、表3（TB2942.1.20标准）。

表1 低合金铸钢成分要求

<table>
<tr><th colspan="2" rowspan="2">铸钢牌号 / 级别</th><th colspan="7">化学成分质量分数 /%</th></tr>
<tr><th>C</th><th>Mn</th><th>P</th><th>S</th><th>Si</th><th>Cu</th><th>Cr、Ni、Mo、V</th></tr>
<tr><td rowspan="2">低合金铸钢</td><td>B、B+级钢</td><td>≤ 0.32</td><td>≤ 0.90</td><td>≤ 0.035</td><td>≤ 0.035</td><td>≤ 1.50</td><td>≤ 0.30</td><td rowspan="2">根据产品性能要求添加</td></tr>
<tr><td>C、D、E级钢</td><td>≤ 0.32</td><td>≤ 1.85</td><td>≤ 0.035</td><td>≤ 0.035</td><td>≤ 1.50</td><td>≤ 0.30</td></tr>
</table>

表 2　低合金铸钢力学性能要求

铸钢牌号 / 级别		抗拉强度 /MPa	屈服强度、规定塑性延伸强度 / MPa		断后伸长率		断面收缩率	冲击吸收能量 /J
		Rm	ReL/Rp0.2	ReR/Rp0.2	A0.52	A	Z	KV2
B 级		≥ 485	≥ 260	—	24%	—	36%	≥ 20（−7℃）
B+ 级		≥ 550	≥ 345	—	24%	—	36%	≥ 20（−7℃）
C 级	正火 + 回火	≥ 620	≥ 415	—	22%	—	45%	≥ 20（−18℃）
	淬火 + 回火							≥ 27（−40℃）
D 级		≥ 725	≥ 585	—	17%	—	35%	≥ 27（−40℃）
E 级		≥ 830	≥ 690	—	14%	—	30%	≥ 27（−40℃）

表 3　低合金铸钢非金属夹杂物要求

夹杂物类型	合格级别
Ⅰ型（球状）夹杂物	细系：1~4 级；粗系：1~2 级
Ⅱ型（点网状）夹杂物	1~2 级
Ⅲ型（点状）夹杂物	细系：1~4 级；粗系：1~2 级
Ⅳ型（群状 Al_2O_3）夹杂物	1~2 级
Ⅴ型（点状、球状氧化物）夹杂物	评级不作为验收依据
外来夹杂物	报告中应作文字说明，不作为验收依据

随着轨道交通车辆向重载高速发展，对铸钢件的性能和内在质量要求越来越高。例如，铸钢制动盘要求成分中 P、S 的质量分数均≤ 0.015%。力学性能中抗拉强度≥ 1000MPa，夹杂物Ⅰ、Ⅲ型≤ 2 级，Ⅱ、Ⅳ型≤ 1 级，远远高于 TB2942.1.20 标准。这就对低合金铸钢中频炉熔炼提出了更高的要求。

第二讲

低合金铸钢中频炉炉衬制备

中频炉最核心的部分就是炉体（如图 7 所示）。铸件的熔炼是通过带电的水冷感应线圈，将加入坩埚（特殊耐火材料打结）内的金属炉料加热熔化到所需温度和所需成分的过程。低合金铸钢属于亚共析钢，钢水流动性较差，熔炼温度达 1600~1700℃，这就要求与钢水直接接触的炉衬材料的耐火度更高。另外，根据 TB2942.1.20 标准的要求，低合金铸钢成分控制范围较窄，对有

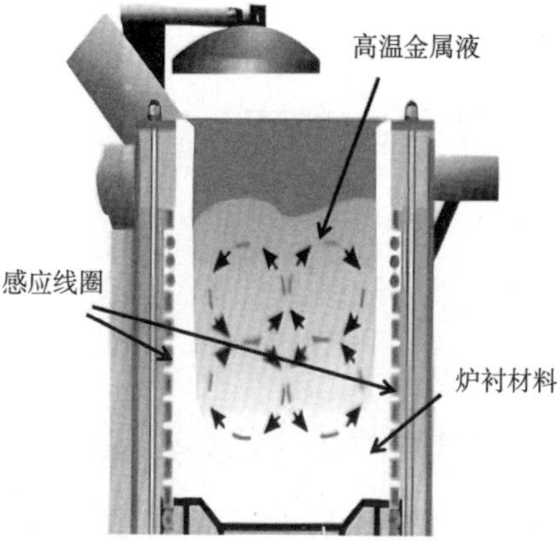

图 7　炉体构成图

害元素及夹杂物控制较严，要求炉衬耐火材料的化学稳定性要好。而对于大吨位的中频炉，炉料加料采用的是自动加料小车，加料过程中部分块状的炉料会对炉衬产生一定的冲击。如果炉衬强度不够，钢水从炉衬裂缝中泄漏会造成生产安全事故，这就需要炉衬具有较高的强度和抗冲击开裂性。中频炉炉衬的好坏不仅影响产品质量，还影响人身安全，因此，我们必须重视中频炉炉衬的制备工作。

一、炉底装置及感应线圈的处理

1. 问题描述

（1）接地漏钢报警装置未安装或者失效

为保证熔炼工作人员的安全，避免熔炼操作时中频炉漏电或者穿炉，给熔炼工作人员带来安全危害，现在的中频炉设备都安装有接地漏钢报警或漏炉报警装置。但是一些中频炉熔炼设备相对老旧的铸造企业，并没有在中频炉炉底安装报警装置。或即使安装了，由于不明白装置的工作原理，安装不规范，也会造成报警失效。

（2）吹氩精炼装置未安装或者失效

许多中小型铸造企业未能充分地认识到炉内除气精炼对钢水净化的作用，未能在炉底安装底吹氩精炼装置。或即使安装了，也在使用过程中无法吹氩，并没有发挥出精炼钢水的作用。

（3）送电启动故障

许多企业在炉衬打结好之后，却无法启动送电烘炉，总是出现异常报警，或者无法进行大功率送电，需要拆炉重打结，费钱费力。

2. 解决办法

（1）感应线圈的检查

中频炉炉体筑炉以前，首先对中频炉感应线圈进行检查，检查线圈是否被灼伤、绝缘漆是否脱落损坏。如有，需先去除异物，对损坏处先用双H级绝缘漆涂刷，最好涂刷2~3层，每次涂刷下一层前，需将前一层油漆烘干。其次检查磁轭的穿芯螺钉和磁轭硅钢片对地绝缘情况（用1000V绝缘电阻表测量，绝缘电阻值不低于1MΩ）。再次检查线圈之间是否有金属异物；检查电缆连接处是否松动，是否有漏水情况（如图8所示）。最后对感应线圈进行通水，并通电小功率试运行，慢慢加大功率短暂运行，观察是否有感应线圈打

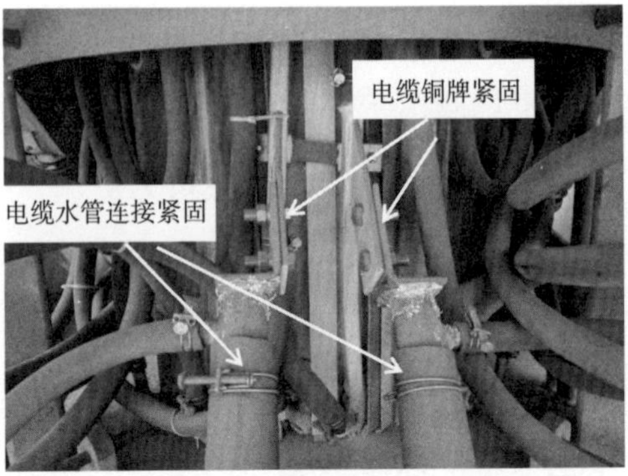

图8　电缆连接处

火等异常现象。通过这种方式，在筑炉前把感应线圈的异常解决，避免感应线圈打火短路造成感应线圈损坏、IGBT 中频电源或可控硅电源频繁过流保护，从而导致熔炼启动失败。

（2）接地报警装置的安装与调试

筑炉之前，必须先安装好接地报警装置。炉底的不锈钢多探针（如图 9 所示）必须穿过炉底，高出炉底打炉材料的厚度，炉底打完后能够高出

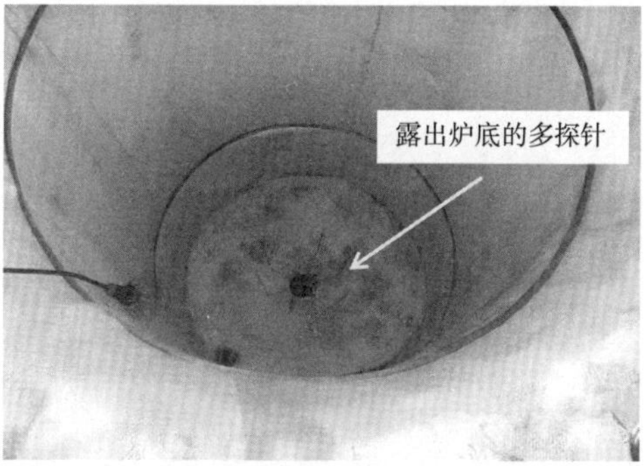

图 9　炉底的多探针

耐火材料与坩埚底部接触。如果炉体吨位较大，还可以安装多个探针。炉底下探针的一端必须通过导线与炉体停电联锁装置连接（如图 10 所示），确保报警后能立即实现炉体停电。探针安装后或者钢坩埚安放后，可以先用检测装置进行接地有效性检测（如图 11 所示），确保探针灵敏有效。检测时，用检测仪的一头夹住炉体外壳，仪器探头接触探针，如绿灯亮则表示接地有效。

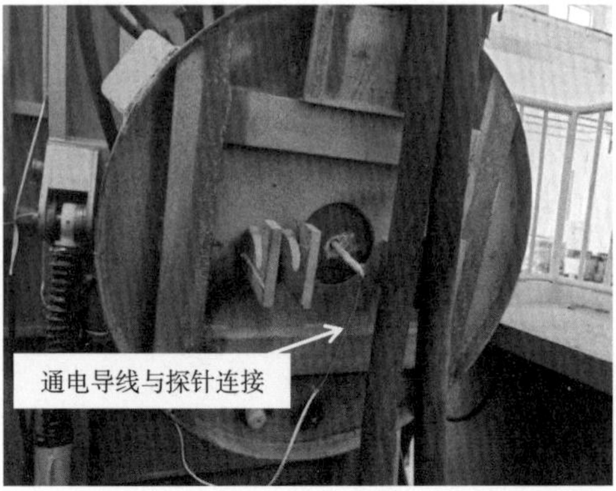

图 10　探针通过导线与炉体停电联锁装置连接

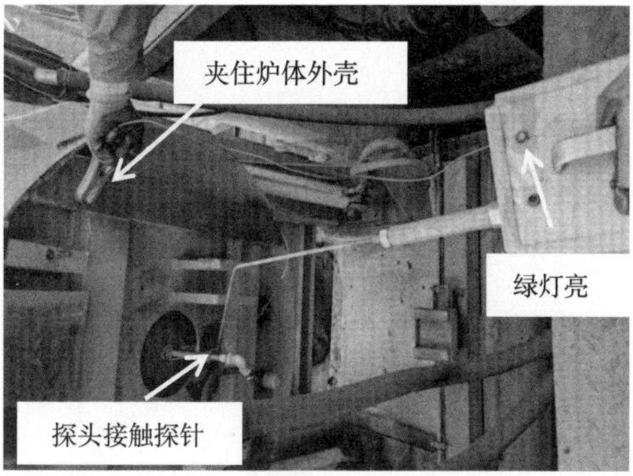

图 11　对探针的接地有效性检测

（3）底吹氩装置的安装与调试

为提高钢水的纯净度，有必要在炉底安装一个底吹氩装置。探针可以和吹氩装置组装在一起（如图 12 所示），通过吹氩精炼去除钢水中的气体及夹杂物。吹氩透气砖必须与炉底板密切连接，下面用螺母进行紧固，确保不松动，如有松动必须采用加垫片的方式进行加固。吹氩装置的另一头空心钢管与氩气软管连接，连接处必须用喉箍扎紧（如图 13 所示），确保不漏气。接好后，

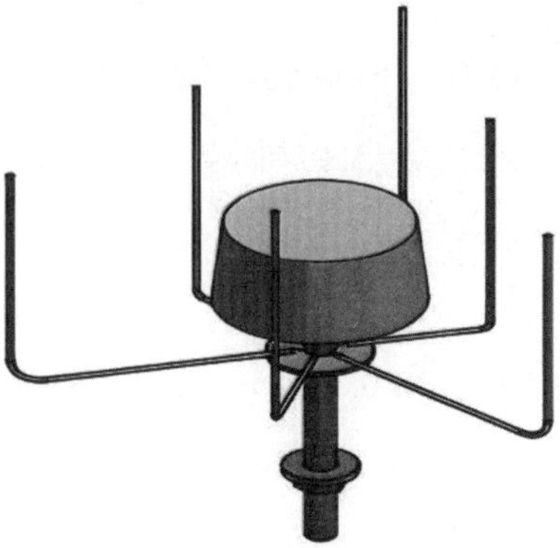

图 12　带探针的底吹氩透气砖

图 13　与软管连接的底吹氩透气砖

打开氩气，查看软管接头是否漏气，测试透气砖透气性是否良好。测试时，将一张餐巾纸撕成几个小长条，绑扎在木棒前端，靠近透气砖上部，打开氩气，纸条飘动说明透气砖正常，否则必须更换。

二、炉衬的筑打和烧结

1. 问题描述

（1）炉衬材料不符合使用要求

一些中小型铸造企业往往为了降低生产成本，选择价格相对低廉的原材料。若企业技术力量薄弱，则不能根据自己生产的产品特性选择合适的炉衬材料。比如有些企业生产含 Mn 较高的铸钢件时，却错误地选择用酸性炉衬材料进行打结。由于钢中的 Mn 元素含量高，容易氧化成 MnO，在高温下 MnO 会与炉衬材料中的 SiO_2 反应产生低熔点的 $MnSiO_3$ 和 $MnO \cdot SiO_4$，造成炉衬不断被消耗，熔炼过程中炉渣多，炉衬减薄寿命短（如图 14 所示），甚至造成穿炉事故。有的供应商还会采用低纯度（低 SiO_2、低 Al_2O_3、低 MgO）炉衬料替代高纯度炉衬料，以次充好，也会造成炉衬寿命缩短。

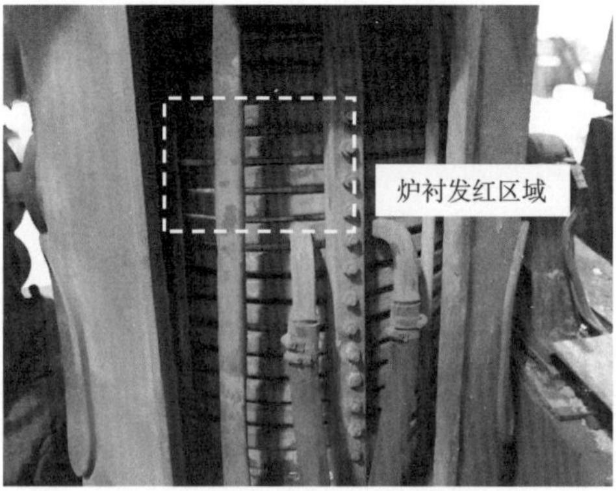

图 14 炉衬烧蚀后变薄发红

（2）炉衬打结层过厚和分层

炉底打结过厚，会导致接地探针被埋入炉底，无法发挥预警作用。底吹氩透气砖因打结层过厚，透气性下降，吹氩精炼效果会变差。打结时，坩埚未放置在中心位置，导致炉衬壁厚度不均。筑炉人员为图方便和节省时间，层与层结合时的打结没有做好，或者每层砂加入量过大，导致烧结后的炉衬存在分层现象，最终导致出现钻钢险肇现象（如图 15 所示）。

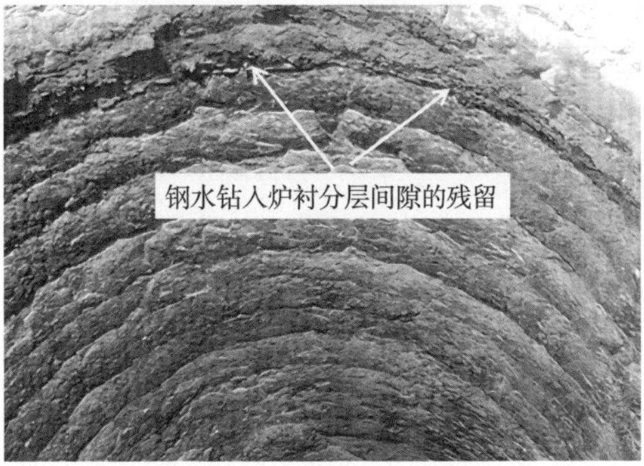

图 15　炉衬分层钻钢

（3）炉衬烧结层开裂剥落

炉衬打结好后，没有足够的时间自然干燥；或者烧结时为节省时间，烧结时间太短；或者在烧结过程中炉体受到冲击，导致炉衬烧结后开裂或者烧结层的剥落（如图 16 所示）。这些问题都会导致中频炉炉衬寿命缩短，甚至出现穿炉等重大生产安全事故。

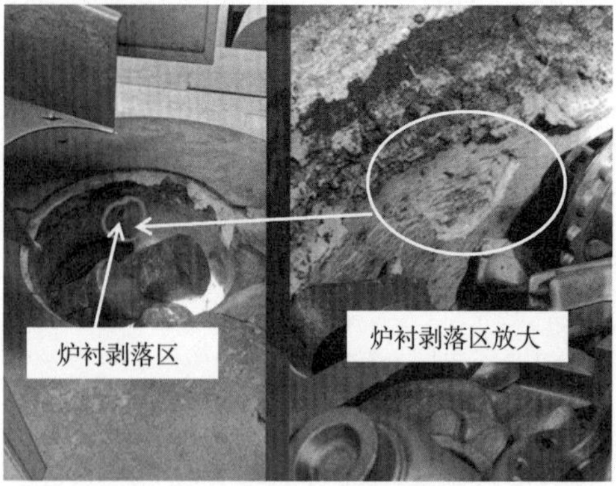

图 16　炉衬剥落

2. 解决办法

（1）炉衬的筑打

①炉衬材料的选择

低合金铸钢炉衬的耐火材料应具备以下条

件：耐火度要高，≥ 1700℃；有良好的耐化学稳定性，在接触高温、高碱性或者酸性渣时不参与化学反应；有良好的耐急冷急热性能，保证不开裂；有良好的高温强度，能在高温下经受炉料的冲击和钢液的冲刷；有高绝缘性，避免击穿坩埚造成事故；热传导性要小，减少热损失，提高熔炼效率。

各铸造企业应根据各自的铸造工艺、生产条件、产品特点、质量要求等多方面因素综合考虑选择合适的炉衬材料。生产碳钢或者低合金成分的铸钢件且熔炼温度不超过 1620℃，可以选择高纯度 SiO_2 含量≥ 99% 的电熔石英砂酸性炉衬材料。酸性炉衬熔炼的优点是，钢液中气体含量低、脆性夹杂物少、流动性相对较好、合金元素烧损少。冶炼合金成分含量较高、熔炼温度≥ 1650℃的低合金铸钢，应选择以 MgO、Al_2O_3 为主要成分的镁铝尖晶石中性炉衬材料进行炉衬打结。中性炉衬熔炼的优点是，化学稳定性好，适合熔炼铸钢、铸铁等不同材质；耐高温性能好，熔炼温度可达1750℃；耐热震性和高温强度好。熔炼锰钢等材质时，可选择MgO含量≥98%的电熔镁砂碱性炉衬材料，但碱性炉衬耐急冷急热性能差，容易开裂，使用中必须注意。各类感应炉炉衬材料的特点见表4；市场成品炉衬材料的特点见表5。

表4 感应炉炉衬材料的特点

炉衬材料	矿物成分/%	熔点/℃	最高工作温度/℃	特点
电熔氧化钙	$CaO \geqslant 96$	2570	1850	碱性
电熔镁砂	$MgO \geqslant 98$	2300	1800	碱性
烧结镁砂	$MgO \geqslant 96$	2000	1750	碱性
镁铝尖晶石	$MgO \approx 28.3$，$Al_2O_3 \approx 71.7$	2135	1750	中性
电熔莫来石	$Al_2O_3 \approx 71.8$，$SiO_2 \approx 28.2$	1870	1600	中性
锆英石	$ZrO_2 \cdot SiO_2 \geqslant 95$	2693	1650	中性
电熔石英砂	$SiO_2 \geqslant 99$	1800	1630	酸性

表 5　市场成品炉衬材料的特点

炉衬材料类别	主要成分	使用范围	最高工作温度 /℃
高刚玉基线圈料	90.6%Al_2O_3，1.1%SiO_2	线圈保护	1680
尖晶石基干打料	84%Al_2O_3，14%MgO	碳钢、锰钢、高熔点合金钢熔炼	1730
高纯尖晶石基干打料	85%Al_2O_3，13%MgO	高温不锈钢及高熔点合金钢熔炼、气体扩散器区域	1750
铬尖晶石基干打料	90%Al_2O_3，7%MgO，1.6%Cr_2O_3	适用于各种挂渣较为严重的特殊合金	1750
氧化铝塑性修补料	72%Al_2O_3，22%SiO_2	炉嘴、炉口的日常维护	1700
高性能修补料	92%Al_2O_3，3%SiO_2	渣线的涂抹及修补	1800
高性能塑性修补料	88%Al_2O_3，7%SiO_2	炉衬的日常维护	1800
轻质浇注料	52.6%Al_2O_3，38.7%SiO_2	背衬、炉底、炉盖、炉门	1500
低水泥高强度浇注料	82.3%Al_2O_3，11.6%SiO_2	浇注块、推出块	1750
吹氩透气砖	94%Al_2O_3，2.6%SiO_2	气体扩散器制作	1750

炉衬材料的粒度应根据炉子熔炼量和熔炼温度两方面因素进行适当调整。一般情况下，粒度

为 2~6mm 的占 20%~30%，可以提高强度和热震性。粒度为 0.5~2mm 的占 25%~35%，可以改善烧结性能。粒度＜0.5mm 的占 35%~45%，可以提高炉衬致密性，但粒度过小会使裂纹倾向增大。熔炼量越大，熔炼温度越高，粗粒度占比相应提高。为保证钢液的纯净度和熔炼过程的安全性，应选择市场认可的品牌成品炉衬材料，同时仍然需要从质保书、包装密封性、炉衬材料颜色、杂质含量等方面进行质量把关。

②线圈浆料的涂敷

安装完底吹氩和接地预警保护装置，并测试过感应线圈后，需要采用专用的高刚玉基线圈浆料对感应线圈进行涂敷。每层感应线圈之间应当保证有足够的浆料包裹和支撑，感应线圈的内圈和外圈浆料要用专用工具涂敷平顺并保持光滑，与炉嘴、上下炉环连接处都要做好无缝衔接（如图 17 所示）。线圈浆料必须具有高强

图 17 光滑平整的线圈浆料

度、高致密、高绝缘等特性，有效防止金属熔体渗漏造成的感应线圈损坏。新涂敷的线圈浆料，应自然干燥 2 天以上，然后采用电阻丝等加热装置辅助烘干（如图 18 所示）。在每次筑新炉衬之前，任何针对线圈浆料的修补，都应当预留足够的时间对其进行烘烤。如若烘不干，会造成浆料渗水，导致感应线圈短路报警，无法送电启动。

图 18 电阻丝加热辅助烘烤

③炉嘴安装

炉嘴与炉衬过渡处，应当做成台阶状（如图 19 所示），便于加强与炉衬干打料的联结。炉嘴制作安装好后，用热风机或者火焰枪对炉嘴进行烘烤。

④滑动平面的铺设

炉嘴烘烤干燥后，采用云母纸或者陶瓷纤维布铺设滑动平面。云母纸类滑动平面材料应当在高度上覆盖整个感应线圈侧墙，下部要多出

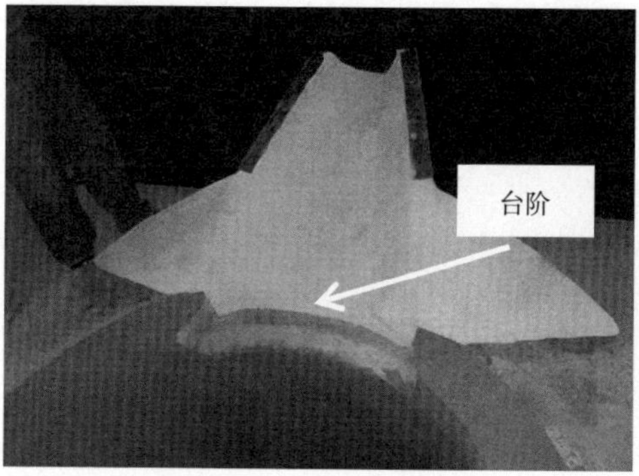

图 19　安装好的炉嘴

100~150mm 铺在炉底结构件上，露出透气砖和探针，上部也应当高出上炉环 100~150mm，高出部分剪成若干条，用压块压住，防止滑落（如图 20 所示）。如果滑动平面材料超过 1 条，每两条之间应当重叠 50~75mm。滑动平面材料表面应当平整，紧贴在线圈浆料上，层与层之间使用胶带密封好。

⑤炉底耐火材料的施工

滑动平面安装好后，对炉底进行筑炉。先测

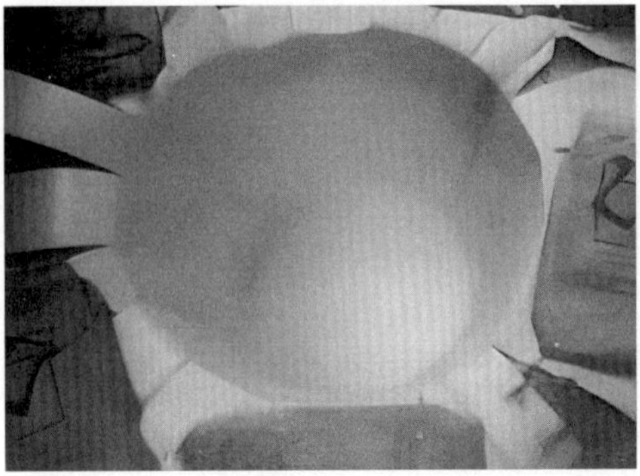

图 20 铺设好的滑动平面

量炉口到炉底的距离，以此确定炉底打结的厚度，根据炉底厚度调节吹氩透气砖和探针高度。耐火材料倒入炉底前需要去除各种夹杂物，以免影响炉衬寿命。然后将其均匀铺开，每层加入的厚度不要超过 75mm，先用筑炉用的捣固叉（如图 21 所示）将炉底均匀叉 2~3 遍，然后用平锤锤平 2~3 遍，接着再用叉子将表面轻轻划松，便于加强与下批炉料的连接，防止分层，按上述方法直至打结到所需的炉底厚度，最后一层无须划松表面。筑底过程中要避免把透气砖打坏，避免把探针埋入炉底。透气砖上可套放一个圆桶状空心管模具，里面可铺设专用透气砂或采用颗粒度较大、不加黏结剂的炉衬材料，从而减少烧结层厚度，提高孔隙率。铺设砂层厚度为100~200mm，炉子大则取上限，炉子小则取下限。打结好的炉底如图22所示。

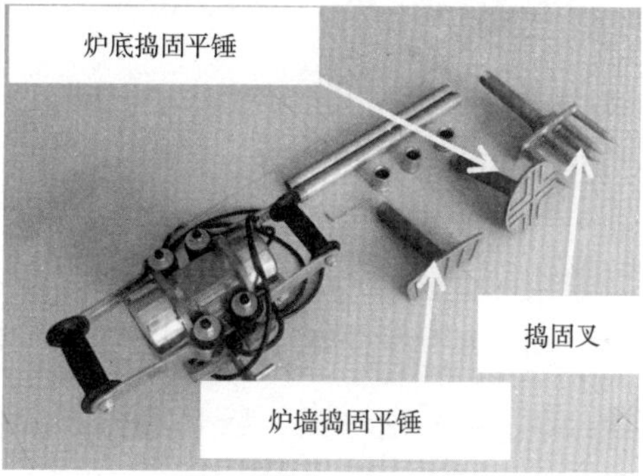

图21　手持筑炉工具

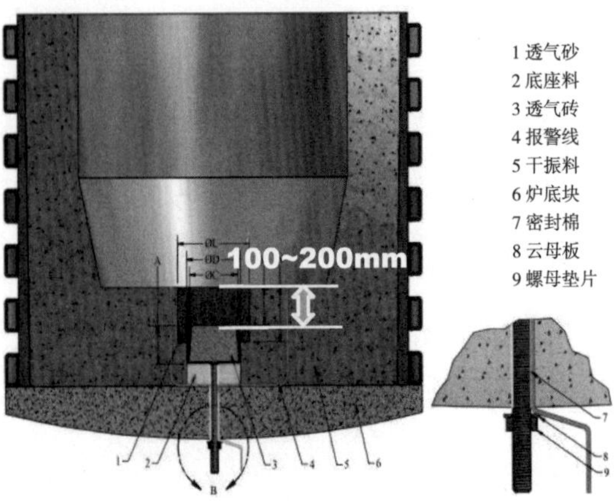

图 22　透气砖及炉底筑炉情况

⑥坩埚安装

检查确认坩埚的关键尺寸是否符合炉膛要求，坩埚直径应上大下小，坩埚壁厚建议为12~15mm，有利于保持烘炉时的刚度。与底部的过渡圆角或斜角不宜过大，防止舂砂时紧实不到位；要确保坩埚的圆整度（偏差 $\Phi<5$mm），焊缝要打磨平整，使用前必须进行喷砂除锈处理。为了便于烧结烘烤时炉衬材料的排气，可在坩埚垂直面上均匀打 $\Phi2$mm 的孔洞。坩埚应放置到炉膛

正中心位置，由于炉嘴方向易腐蚀，可向炉嘴方向偏 3~5mm，增加厚度。坩埚应水平放置，确保其侧面与炉墙面垂直平行，两侧面与炉墙的距离应尽量相等，用三角木块固定（如图 23 所示）

图 23　用三角木块固定坩埚

或者与炉台压圈焊实（如图 24 所示），避免打结过程中坩埚移位。

⑦炉墙耐火材料施工

坩埚固定好后，加入第一层耐火材料前，先

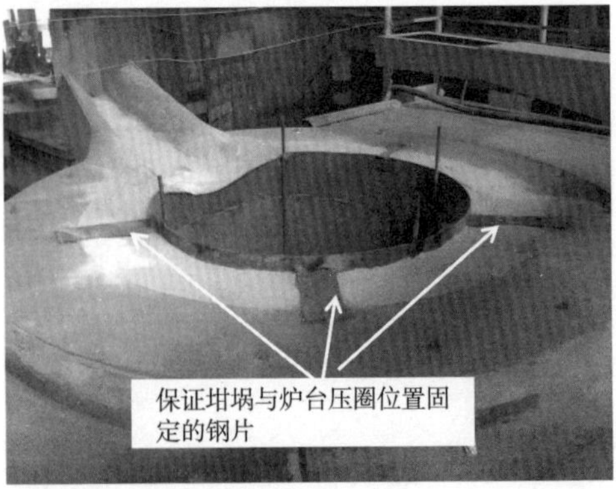

图 24 与炉台压圈焊实

把炉底面划松，特别要注意坩埚垂直面与底面过渡的圆角面。由于存在反角，不容易接触到，一定要细心划到反角下面的砂面。划松表面后，加入厚度≤ 75mm 的耐火材料，要尽量确保绕坩埚一周厚度均匀，然后用捣固叉循环叉实 2~3 遍，对于底部过渡区应以倾斜角度进行叉实。锤平时采用炉墙捣固平锤（如图 21 所示），其他操作与炉底打结相同。加料和打结过程中一定要防止破坏滑动平面。如果采用的是坩埚内筑炉振动器

（如图 25 所示），除了第一层过渡层采用手工打结，其他炉墙耐火材料应一次加到位，然后将振动脚长度调整到合适的位置，启动振动器，自下而上反复振动（如图 26 所示），以 2t 炉为例，振动不低于 1h，但也不能时间过长，否则容易引起粒度偏析。炉墙耐火材料下降后应及时补加，直至炉嘴台阶位置，然后用平锤锤平。

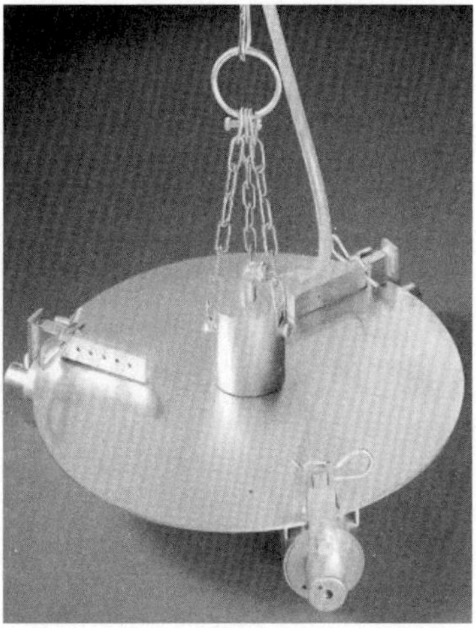

图 25　坩埚内筑炉振动器

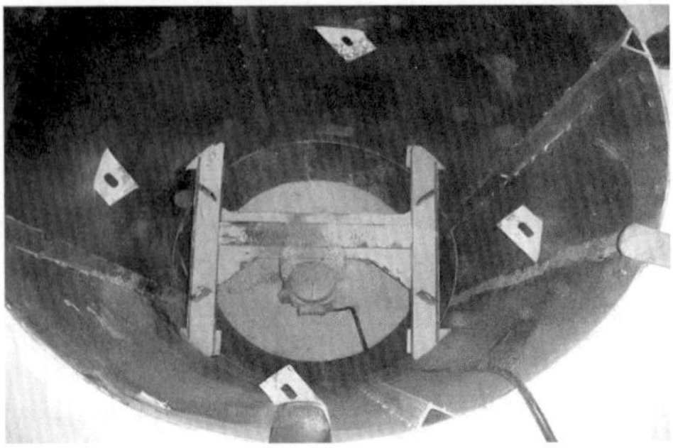

图 26　坩埚内筑炉振动器工作图

⑧炉口封口施工

先刮松打实的炉墙材料上表面，使两种耐火材料中间产生一个过渡区域。封口料可以使用成品塑性料，也可以采用干打料拌水玻璃打结，水玻璃打结的强度稍差。将封口料均匀地堆放到划松的炉墙材料表面，堆放高度应略高于坩埚顶面或者炉台压圈顶面，用榔头、平锤等工具锤压紧实。为防止烘炉时炉衬材料受热膨胀抬起，造成炉衬横裂纹，可以在炉台压圈上装一个活动的炉衬盖板（如图 27 所示），盖板内径与坩埚外径保持 2~3cm 的距离，这样就可以有效避免炉墙料和封口料受热抬起，提高炉衬致密性。盖板厚度建议≥ 15mm，炉衬盖板与炉台压圈的连接要牢靠。与炉嘴结合的地方应先打实，然后修挖出喇叭口一样的流道，与炉嘴的流道做到无缝衔接，表面修光滑。封口料打结好后，可以在表面用 $\Phi \leqslant 3$mm 的气眼针扎出气眼，便于烘烤时水分

图 27　炉衬盖板

溢出。为保证炉衬打结质量，筑炉工作最好一次性完成。打结好的炉体情况如图 28 所示。

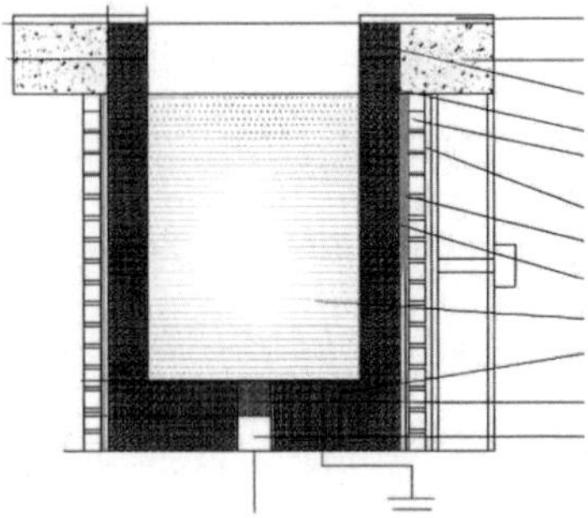

图 28　炉衬打结好的剖面图

三、炉衬的烧结

1. 问题描述

（1）一般企业烧结新炉时，烧结时间长，有的甚至在 20h 以上（如图 29 所示），能源浪费严重，效率低下，严重影响生产节奏。

（2）由于烘炉时间长，钢水熔炼保温时间长，造成钢水氧化吸气严重，所以烧结用的钢水一般不浇注铸件，否则会出现浇注的铸件气孔缺陷多而报废，给企业造成了极大的浪费。

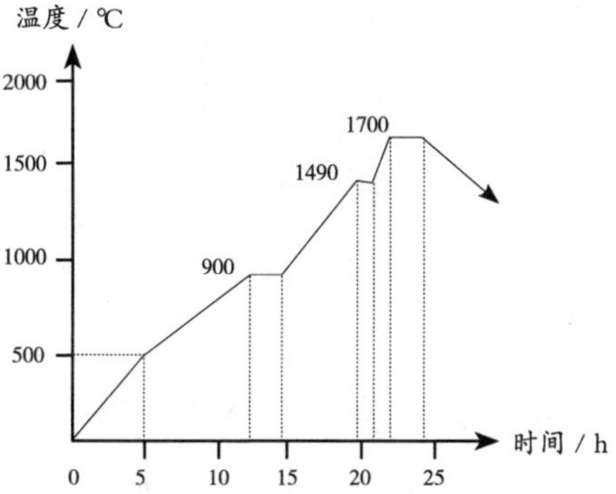

图 29　某企业 5t 中性炉烘炉曲线

2. 解决办法

打结好的炉衬建议自然干燥 2~3 天，再进行烘烤烧结。为保证烘炉质量，可以在坩埚内设置热电偶测温（如图 30 所示）。烧结方法可分为自熔炼烧结法和钢水引入烧结法。

（1）自熔炼烧结法

以 2t 中性炉炉衬为例：自熔炼烧结法烧结

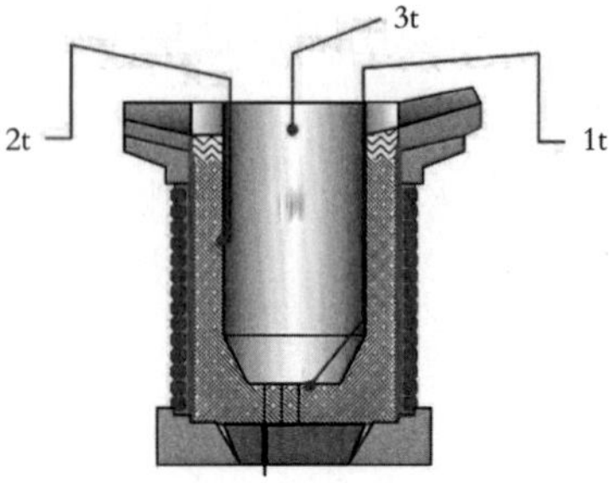

图 30　热电偶放置示意图

前，应将坩埚内的夹杂物清除干净。在坩埚中加入废钢压块，压块应从炉底延伸至炉领，坩埚与压块缝隙中填充小块回炉料或切头料等碎料延伸至炉领，保证中下部紧实，上部稍松。中上部可用熔点较低的炉料（如图 31 所示），一定要避免“搭桥”现象。熔炼烧结时间长，烧结曲线如图 32 所示，900℃以下烧结强度低，为避免裂纹，应缓慢加热。

在自熔炼烧结法加料过程中一定要避免冲击炉衬和架料。在熔化量未到 50% 以前，不要添加

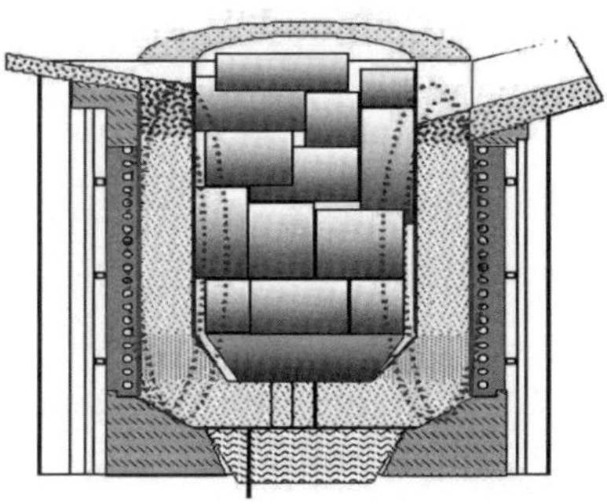

图 31　烧结炉料放置示意图

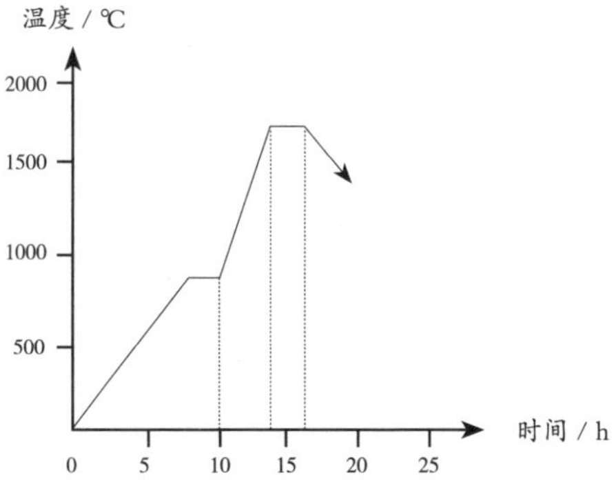

图 32　2t 中性炉自熔炼烧结曲线

炉料；熔化量达到 50% 以后，多批次小批量加入干燥无锈的小块料；在熔化量达到 75% 以前，可适当添加硅、锰合金，但不要添加其他合金和增碳剂；在熔化到烧结温度 1750℃左右时，加覆盖剂，保温 2h 以上。随后进行炉前检测，合金添加，成分调整，含气量检测。首炉钢水应浇注低质量要求的铸件。

（2）钢水引入烧结法

烧结炉内只需加入一半炉料，且一定要密实（如图 33 所示），另外烧结烘烤时需要在炉口盖上保温棉（如图 34 所示）。烧结烘烤曲线（如图 35 所示），缓慢升温到 900℃烘烤并保温 0.5h 后，用其他熔炼炉熔化的相同或相近材质的钢水缓慢地倒入炉内，不得对着炉壁倾倒，倒入炉内的钢水温度应在 1650~1680℃。

烧结时，钢水应尽可能满（如图 36 所示），随后正常送电熔化到 1750℃，保温 2h 左右。接

图 33　钢水引入烧结法炉料加入情况

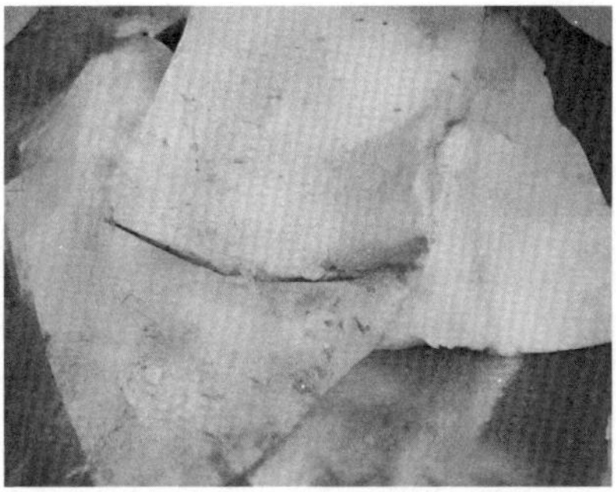

图 34　钢水引入烧结法炉口覆盖情况

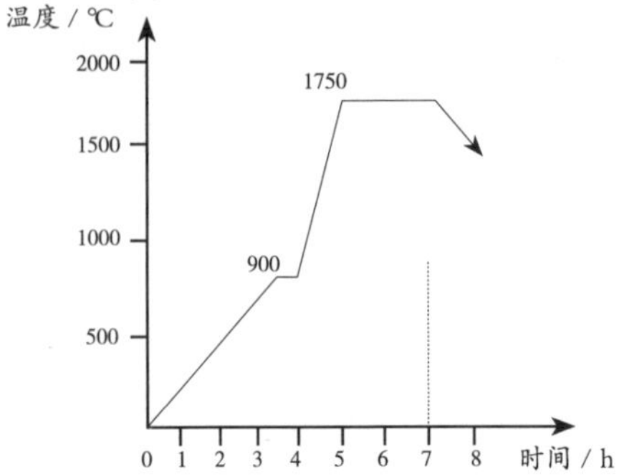

图 35 2t 中性炉钢水引入烧结曲线

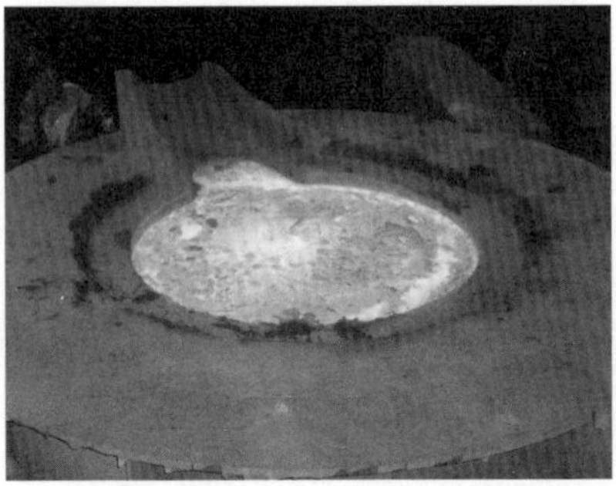

图 36 钢水烧结液面高度

着对钢水进行脱氧处理，可以将炉内脱氧好的钢水一半倒入其他正在熔炼的相同材质或者相近材质的熔炼炉内。烧结的新炉正常补加炉料进行熔化，后续可以按照正常熔炼流程操作，熔化的钢水可以直接浇注产品。

烧结后的炉衬应进行连续熔炼，有利于形成较厚的烧结层，提高炉衬的强度。熔炼完的炉膛需要采用压缩空气进行快速冷却，以避免大裂纹的形成。

四、应用效果

自 2018 年起，戚墅堰所朗锐茂达公司 2t 炉和汽车公司 3t 炉采用该炉衬打结和烧结方法以来，熔炼初期的异常故障，如送电报警、预警系统失灵、炉衬烧结漏钢、氩气吹不出等现象减少了 60% 以上。朗锐茂达公司 2t 炉的炉衬使用寿命，由原来的 80 炉提升到 120 炉左右，大幅降低了打炉次数和打炉成本。自采用钢水引入烧结工艺以来，炉衬烘炉烧结时间由原来的 16h 下降到 7h，缩短了 56%。同时随着首炉钢水质量的提高，新炉生产的铸钢件报废率较应用以前减少了 50% 以上，大幅提高了产品质量和生产效率。

第三讲

低合金铸钢中频炉熔炼净化

高质量的钢水是获得高质量高性能铸钢件的前提，但中频炉相对电弧炉及精炼炉来说，只有熔化功能，冶炼精炼功能较弱，熔炼中只关注化学成分的合格是不够的。导致铸钢件产生气孔、裂纹等缺陷和力学性能不合格的原因是钢水纯净度不够，存在气体、夹杂物等杂质。本讲讲述的是如何通过中频炉熔炼净化低合金钢水。

一、熔炼前准备

1. 问题描述

（1）废钢等原材料质量差

目前国内铸造企业产能过剩，在竞争激烈的情况下，各企业都在想尽办法降本增效。熔炼原材料成本又是低合金铸钢件生产的主要成本之一，于是废钢、合金等原材料成为企业压降成本的重点，大量质量较差的返回料、钢屑被应用（如图 37 所示）。大多数企业对废钢等原材料的质量关注仍停留在化学成分的层面，而不关注其夹杂物、气体含量等内在质量，于是这些成本相对较低但纯净度不高的废钢和合金被大量地采购应用。另外，有的企业对返回料管理粗放，存在混放（如图 38 所示）、锈蚀、潮湿、黏砂等问题，使用受到污染的返回料，造成钢液纯净度不高。2018 年，常州某企业为轨道交通配套生产某铸钢件，因内在夹杂物超标，造成批量退货，损失近 100 万元。

图 37　钢屑的大量使用

图 38　返回料混放

（2）炉前检测能力欠缺

低合金铸钢的各合金元素成分控制要求非常高，如 B+ 级钢、C 级钢的 C 成分波动范围仅有 0.06%，Ni、Mo 的波动范围仅有 0.1%，那么就要求炉前检测非常精准。目前，许多铸钢企业都配备了炉前光谱仪（如图 39 所示），对炉前成分进行分析，但是由于缺乏对设备的保养维护和定期校准，以及受操作人员操作水平的影响，光谱检测数据与实际相差过大，从而导致成品铸件的成分不合格。另外，配备夹杂物金相检测仪、

图 39　炉前直读光谱仪

氢氧氮气体检测仪等检测设备的企业更是寥寥无几。

2. 解决方法

（1）废钢、合金等原材料的验收与选用

由于中频炉几乎没有脱 P、S 功能，必须对这些元素进行严格控制。

对这些重要控制指标需制定细则，形成企业规范。表 6 对废钢的 P、S 有害元素进行了分级，这样就可以根据产品的质量特性进行采购，避免质量不达标或者质量过剩造成的浪费。

表 6 废钢压块原材料成分要求

种类	元素成分含量 /%					备注
	C	Si	Mn	P	S	
钢材原材料（压块 A）	≤ 0.20	≤ 0.35	≤ 0.8	≤ 0.015	≤ 0.010	Ni、Cr、Mo 总量不超过 0.6%，V、Nb、Ti 总量不超过 0.05%
钢材原材料（压块 B）	≤ 0.20	≤ 0.35	≤ 0.8	≤ 0.018	≤ 0.013	
钢材原材料（压块 C）	≤ 0.20	≤ 0.35	≤ 0.8	≤ 0.030	≤ 0.030	
钢材打包料（超低 P、S 压块）	≤ 0.20	≤ 0.35	≤ 0.8	≤ 0.012	≤ 0.010	

废钢表面不应有镀层、涂层，不应有严重锈蚀、油污、水渍等杂质，不得混有铁合金、钢合金等其他不明成分材料，不应混有易燃易爆物，不应混有两端封闭的管状物、封闭器皿。打包压块内部不应存在泥块、木块等非金属夹杂物；打包料内外成分应一致，不得有混料；必须从原材料源头确保质量和熔炼安全。对于废钢，应规定合适尺寸，最大直径 $\Phi \leqslant 2/3$ 炉膛直径，最大高度 $h \leqslant 1/2$ 炉膛深度，以兼顾可操作性和熔炼效率。

对供应商提供的废钢必须进行抽检复验，绝不能仅参考供应商提供的报告。抽检取样时，按批量大小从原材料堆随机挑选，最好是根据不同的形态进行抽取，如能够在打包成压块前取样分析更好。来料取样数量原则：≤ 10t 取 3~5 个样，10~20t 取 5~7 个样，≥ 20t 取 8~10 个样。表 7 废钢抽检成分中 5–3、5–4 两个样的 C、Si、P 元素波动较大，可以判断不合格或者再取样抽检，如果仍然有此种现象，则应进行退换货。

表 7 废钢抽检成分波动

样品编号	元素成分含量 /%							
	C	Si	Mn	P	S	Cr	Ni	Mo
5–1	0.010	1.02	0.21	0.010	0.003	0.02	0.01	0.01
5–2	0.010	1.02	0.21	0.011	0.003	0.02	0.01	< 0.01
5–3	0.023	0.80	0.19	0.028	0.004	0.05	0.01	0.01
5–4	< 0.01	0.01	0.13	0.005	0.005	0.02	0.01	< 0.01

对于生产有内在夹杂物要求的低合金铸钢件，除了成分检验，还得抽检夹杂物情况。经过

实际抽检金相发现，不同类型的废钢夹杂物的区别很大。柔韧性较好的冲皮废钢压块，夹杂物较少（如图 40、图 41 所示）；而角钢、管接头类废钢夹杂物含量多且形态差（如图 42、图 43 所示）。

图 40　冲皮废钢压块

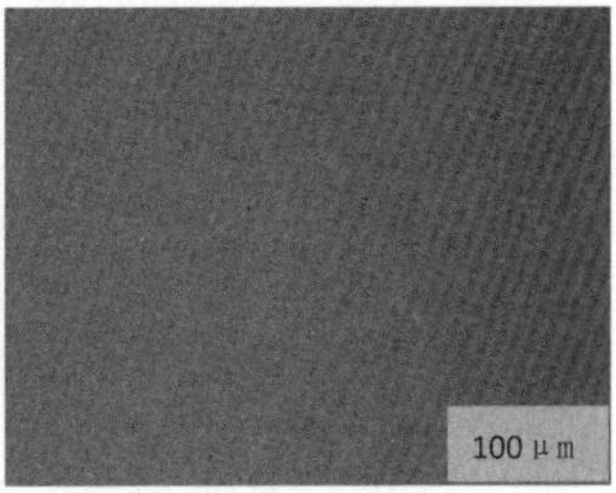

图 41　冲皮废钢内在夹杂物情况

图 42　角钢废钢

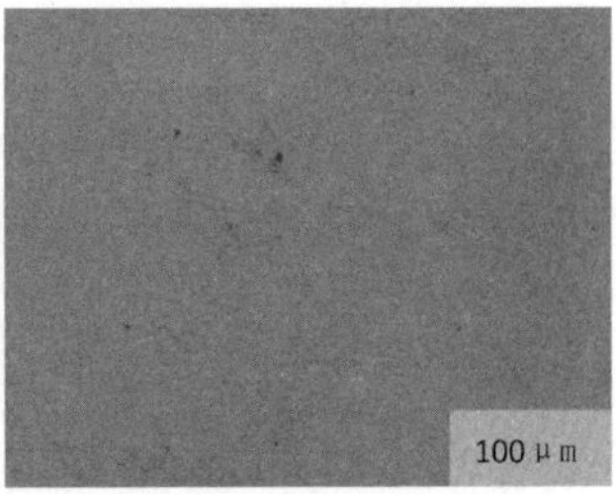

图 43　角钢废钢内在夹杂物情况

因此在生产高内在质量的低合金铸钢件时，应采购夹杂物含量较少的冲皮废钢压块。如若有匹配产品特性的、高合金含量、低夹杂物含量、低成本的优质废钢，完全可以根据需求采购使用，这样可以减少贵重合金加入，降低生产成本。

对于合金原材料的选用，应根据熔炼生产的低合金铸钢件质量、成本等要求综合考虑。一般情况下，各合金材料均有国家标准和行业标准，可以对照标准按需采购。锰合金选用参考表 8，采用低锰原材料废钢生产含锰量相对较高的低合金铸钢件时，就需要大量加入锰合金。如果产品要求 C 含量较高，P、S 有害元素含量也可以较高时，那么就可以采用性价比较高的高碳锰Ⅱ类锰合金，不但采购价格便宜，而且可以不用或少加碳合金。反之，如生产 C、P、S 含量低的合金钢时，则只能选择金属锰合金。因此，在选择合金原材料时，应在保证符合铸件质量要求的前提下，尽可能地选择性价比高的合金。合金原材料存放应避免氧化吸湿，使用前应进行 150~250℃烘烤，去除水分。

表 8　各种锰合金成分含量

类别	牌号	化学成分含量 /%						
		Mn	C	Si		P		S
				Ⅰ	Ⅱ	Ⅰ	Ⅱ	
			不大于					
中碳锰	FeMn78C2.0	75.0~82.0	2.0	1.5	2.5	0.20	0.4	0.03
高碳锰	FeMn68C7.0	65.0~72.0	7.0	2.5	4.5	0.25	0.40	0.03
金属锰	JCMn98	≥ 98	0.04	0.3		0.02		0.04

对于返回料的使用，同样要确保成分和夹杂物符合产品质量要求。使用前要进行烘干和抛丸处理，保证炉料的干净，这对于产品质量和炉衬寿命的提升都是非常有益的。对于内在质量要求较高的铸件生产，返回料使用比例应≤ 30%，以确保炉料的纯净性。

所有炉料如低碳素废钢、生铁、废铸件回炉料、各种合金等，都必须明确其化学成分。无标识或化学成分不明的炉料严禁使用，各类合金按照采购批次分类放置在指定区域内，并做好名称标识及批次记录。

（2）检测设备的合理配备与校准

对于检测成分的炉前光谱分析仪，应做好日常和定期维护，使用前进行样品校准。定期委托行业权威性的第三方进行样品元素分析校准，以保证炉前光谱分析数据的精确性。对于炉前光谱样，要保证光谱样取样质量，激发面不得有孔洞、夹杂物等缺陷，光洁度应符合激发要求。对于生产有夹杂物和氮、氧、氢气体含量要求的高质量低合金铸钢件，应配置金相分析仪（如图 44 所示）和气体分析仪（如图 45 所示），对铸件和原材料进行检测跟踪，从而长期保持原材料和产品质量的可控性和稳定性。

以上操作结合第二讲中高纯度炉衬材料选用和制备的相关操作，可以从源头有效防止原材料

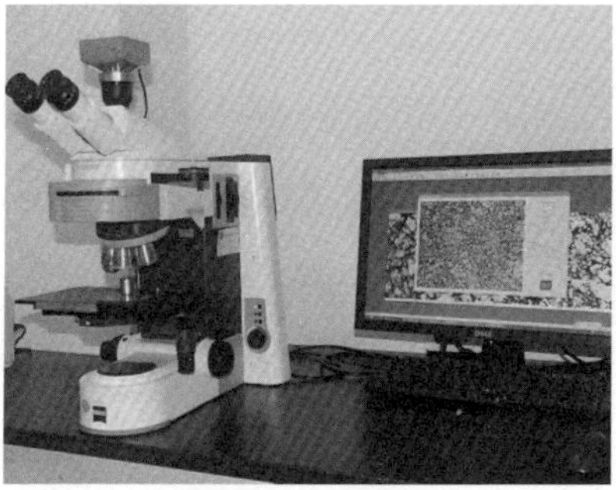

图 44　金相分析仪

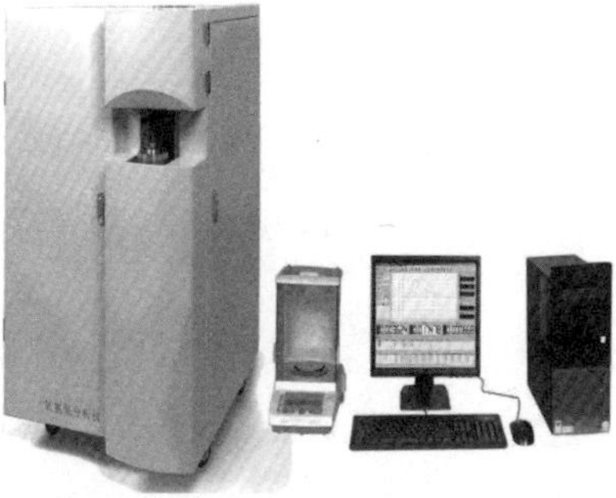

图 45　氢氧氮气体分析仪

夹杂物的污染，属于高纯净度低合金铸钢中频炉熔炼操作法的“防”——防污染。

二、熔炼净化

1. 问题描述

（1）熔炼操作过程中容易出现钢水溢出飞溅，甚至出现操作人员烫伤等情况。

（2）熔炼的低合金钢元素成分容易超标，需要进行炉前配料调整。特别是超出产品要求上限范围的，需要进行倒钢水操作，会严重影响生产效率，而且操作过程存在一定的安全隐患。

（3）熔炼过程中出现炉料“搭桥”异常现象（如图 46 所示），容易造成熔炼跑温，甚至出现穿炉跑钢现象，存在重大安全隐患。

（4）熔炼浇铸过程中钢水吸气和夹杂物增多，影响铸钢件力学性能，甚至导致缺陷报废。

a. 炉料形成的壳

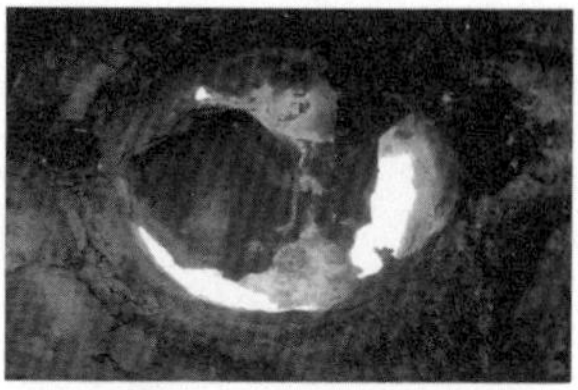

b. 熔炼实际“搭桥”图

图 46　中频炉“搭桥”现象

2. 解决方法

（1）加料前准备

熔炼操作人员必须经过培训，考试合格后才能上岗操作。上岗操作前应按需穿戴好防烫工作衣裤、防砸劳保鞋、防护面罩、防护墨镜、防烫手套、防护脚盖等防护用品。加料操作之前应按相关程序检查电炉情况，在确认设备完好且安全的情况下进行加料。所加炉料必须是按预配料单准确称量过的，这样可以减少炉前成分调整时间。

（2）加料熔化操作

冷炉时应尽量采用手工轻放的加料方式，避免炉料冲击使炉衬产生裂纹。炉底可以先放0.5%~1%的预熔渣（石灰和萤石的量比为3 ∶ 1），起到熔炼时覆盖钢液、隔绝空气的作用。加料时底部先放碎料起到垫底缓冲作用，启炉块、难熔合金加在炉子中下部。炉料保持“下紧上松”原则，便于炉料顺利下行，减少“搭桥”概率。一般装料顺序为：部分碎回炉料、增碳剂（如果需要）、废钢、生铁、回炉料及需要加入的铁合金（需要烘烤去除水分），如含Cr、Ni、Mo、V、Nb等元素的中间合金料，应装于感应线圈高度的1/2处，并靠近炉墙以加速其熔化。为减少烧损，易氧化合金（锰铁、硅铁等）一般在出钢之前加入炉内。炉料装满到炉口后，通电熔化。刚开始采用小功率通电，待电流趋于稳定后再用最大功率熔化。

炉料熔化过程中，要做到“三勤”，即勤观察（电器、循环水和炉衬是否正常），勤加料（在大块料间隙里填小块料），勤捣动（加速炉料下行避免“搭桥”）。做到“三注意”，即注意炉内温度，注意炉内是否出现“搭桥”，注意造渣覆盖钢水。熔化过程中应控制后续炉料的每次加入量，宜采用少量多次的加料方式，尽可能不使钢液温度下降太多，产生“搭桥”或结盖。炉膛内钢水容量超过 1/2，以及钢水温度≥1500℃时，禁止加入大块炉料和使用行车往炉内加料，以防止钢液飞溅伤人。炉料加入总量不得超过熔炼炉总熔炼量。炉料熔清后应注意控制熔炼温度，并及时在钢液表面添加造渣剂，以减少热量损失和防止氧化。当温度达到 1600℃左右时，加入锰铁，随后加入硅铁、钒铁等合金，大功率搅拌均匀后，进行取样光谱分析。对于高内在质量要求的低合金钢熔炼，当炉料熔化成钢水后，应适当减小功率，以减少钢水在炉内翻滚，避免钢水氧化吸气。

（3）“搭桥”异常处理

在熔炼过程中如发现“搭桥”现象，应立即进行处理。首先应进行断电，然后使用撬棍或钢钎小心地将“搭桥”料向下捣开，随后送电继续熔化并及时添加炉料。如无法捣开或者已发生冻料结壳现象，可将炉体慢慢地向前倾斜（如图 47 所示），并通电以适当的功率将炉口方向的炉料

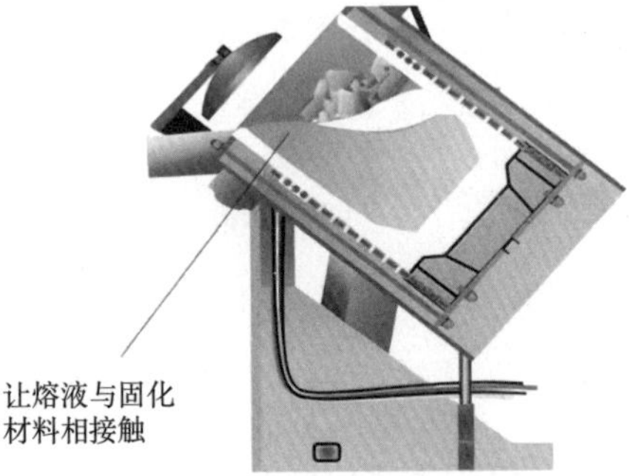

图 47　中频炉“搭桥”处理示意图

或结壳熔化出一个加料口，再将炉体直立复位，然后从加料口手工多批次加入小炉料，直至液面将被冻部分炉料熔化开，随后转入正常熔炼。捣料时应避免捣伤炉衬，并且送电熔化功率不得过高。

（4）配料计算及成分调整

为保证合金成分均符合产品要求，炉料准备时应进行预配料，预配时各合金元素应取要求的下限，以留出炉前调整空间。

预配料步骤：

①确定熔炼总量。根据每炉浇注铸件数量、铸件单重、铸件出品率、熔炼损耗确定。

②确定返回料使用量。根据铸件质量要求、返回料合金元素含量、返回料内在质量情况确定返回料使用比例，熔炼高内在质量的产品返回料使用比例应≤ 30%。

③确定废钢使用量。根据熔炼总量、返回料

使用量算出废钢加入量。

④确定低合金铸钢的计算成分。根据产品合金成分要求范围，确定计算成分含量，一般以范围的中下限为标准。

⑤计算合金加入量。根据熔炼总量、炉料及铁合金的合金含量、合金元素的熔炼收得率，算出各种合金加入量。配料计算公式如下：

$$X=\frac{G\times A-N\times B-N_1\times B_1-\cdots\cdots}{C\times D} \quad (1)$$

式中，X 为某铁合金加入量；G 为熔炼总量；A 为计算成分含量；N 为某炉料重量，如果有多种炉料，N 就会有 N_1、N_2……B 为某炉料中该合金含量；C 为铁合金中该合金的含量；D 为该合金元素熔炼收得率。

炉前成分调整为：

当钢水熔化后达到取样条件时，进行取样分析。取样水应是钢水液面 2cm 以下的钢水，光谱

分析样尺寸 $\Phi 30\text{mm} \times h60\text{mm}$（如图 48 所示），激发样一截为二（如图 49 所示），取小端被截截面打磨激发。然后根据光谱分析结果，计算出需

图 48　光谱分析样

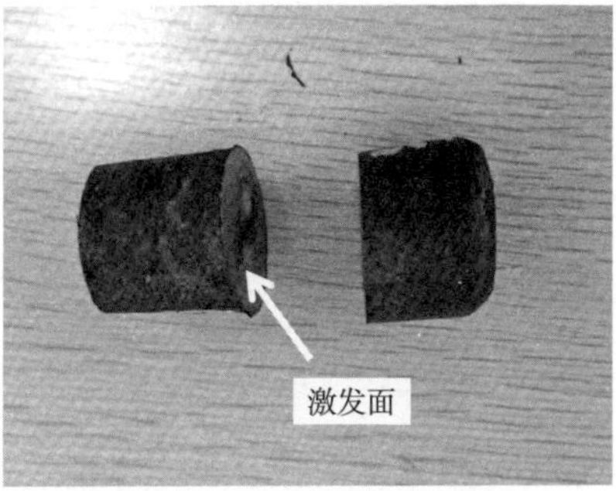

图 49　光谱激发面

要补加的合金。配料计算公式如下：

$$X=\frac{G\times(A-B)}{C\times D} \quad (2)$$

式中，B 为光谱分析结果中某合金元素的含量。

如经光谱分析，某合金元素含量超出要求范围，则需要进行钢水稀释，倒出的钢水量和补加的废钢量计算公式如下：

$$X=\frac{G\times(B-A)}{A} \quad (3)$$

钢水稀释后，需重新取光谱样分析，各种合金补加量计算同公式（2）。

（5）吹氩精炼处理

中频炉吹氩精炼（如图 50 所示）是通过透气砖装置从炉底向炉内金属液吹入惰性气体氩气，利用产生的氩气泡将钢液中的夹杂物以及氮、氧、氢等气体带出钢液的一种精炼方式，对钢水纯净度的提升较为有效。

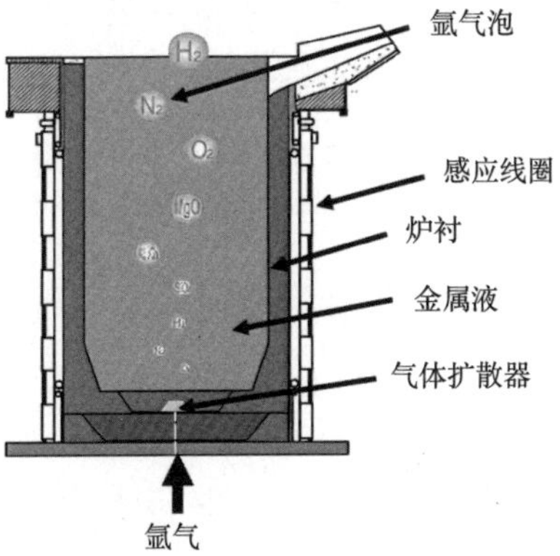

图 50　中频炉吹氩精炼

新炉衬出现首炉、空炉、炉中钢水量不足50%等情况，不能通气，防止气体把炉底吹坏，造成生产安全事故。对于熔炼内在质量要求高的铸件，可以在熔炼初期就进行吹氩。由于氩气密度较空气大，一般会沉淀在炉膛中下部，对炉料熔化进行气体保护。选用纯度为99.9%的氩气，压力控制在0.4~0.7MPa，流量控制在3~15L/min，压力和流量要根据钢水被气泡吹动翻滚的情况灵活调节。每天首炉熔炼或炉衬烧结层较厚时，透气性变差，应适当地提高压力和流量，以炉子送电功率归零后钢水液面略微翻动为好。通氩气时炉温应控制在 1580~1650℃，以保证气泡能扩散均匀。钢水温度较低，则气泡上浮困难；温度较高，则钢水吸气氧化增加，安全隐患也增加。通气正常后采用保温功率，保持钢水的温度。通氩气的时间可以控制在 10~30min，根据钢水纯净程度、质量要求、生产节奏等实际情况进行合理调节。对于一般低合金铸钢件，为兼顾生产节奏和吹氩质量，应选择在取光谱样前进行吹氩，利用光谱分析的等待时间进行精炼。吹氩精炼后除脱氧外，不建议进行合金、炉料等入炉操作，避免钢液的二次污染。吹氩完毕后，可停电静置 2~3min，效果更佳，便于夹杂物进一步上浮。

炉内吹氩精炼操作属于高纯净度低合金铸钢中频炉熔炼操作法的“排”——排除夹杂物。

（6）出钢处理

出钢前，应进行终脱氧处理，低合金铸钢一般采用纯铝进行终脱氧，加入量为 0.05%~0.1%，以铸件中残铝量 0.02%~0.06% 为好，加入量过低脱氧效果不佳，加入量过高容易造成Ⅳ型（群状 Al_2O_3）夹杂物超标。为减少Ⅳ型夹杂物，可以采用硅钙、稀土等多元复合脱氧剂（见表 9）代替部分纯铝进行终脱氧，加入量为 0.1%~0.3%。可以在包内加入，但加入复合脱氧剂必须考虑增 Si 对铸件最终成分的影响。由于复合脱氧剂可以形成复合低熔点夹杂物，便于其上浮并从钢水中去除，也可以促使夹杂物由Ⅱ、Ⅳ型向Ⅰ、Ⅲ、Ⅴ型形态改变，所以该操作对于生产高内在质量、高韧性、高冲击的低合金铸钢件效果较好。

表 9　某复合脱氧剂主要元素成分含量

元素名称	Si	Mn	Al	Ba	Ce	Ca	La
含量 /%	43.3	0.24	0.88	0.26	4.2	1.98	2

出钢温度的选择尤为重要，应根据实际出钢温度和铸件浇注温度决定，一般控制在1600~1660℃。出钢温度越高，合金元素烧损，氧化吸气越严重。出钢要快，钢水倒入包中后要及时覆盖保温剂。对于出钢温度较高的，应更加注重包内钢水的纯净化处理。

该操作被称为高纯净度低合金钢中频炉熔炼操作法的“改”——夹杂物改性。

（7）浇包的使用与纯净化处理

钢水必须出钢到浇包才能浇入铸型形成铸件，生产中往往会忽略浇包对铸件质量的影响。根据生产铸件的大小，浇包分底漏包（中大件浇注）和小翻转包（小件浇注）两种。

容量1t及以下中频炉，生产0.5~50kg铸件，大多采用小翻转浇包。由于使用频次高，为便于操作，很多厂家采用石英砂+耐火泥+水玻璃的方式制作。该方式的缺点是：耐火度低，容易起渣，包衬易鼓包，易造成穿包。为解决以上问题，一种方法是使用耐火度达 1750℃的高铝质低水泥浇注料制作成带挡渣功能的茶壶浇包（如图 51 所示），该材料成分见表 10。该类型浇包的特点是起渣少、不挂渣、使用寿命长，但拆除困难。另一种方法是采用镁铝尖晶石或电熔镁砂无黏结剂法手工配料的方式制作浇包（如图 52 所示）。该浇包与钢水接触的包身采用 60% 的 1~5mm 粒度 +40% 的 1mm 以下粒度的镁铝尖晶

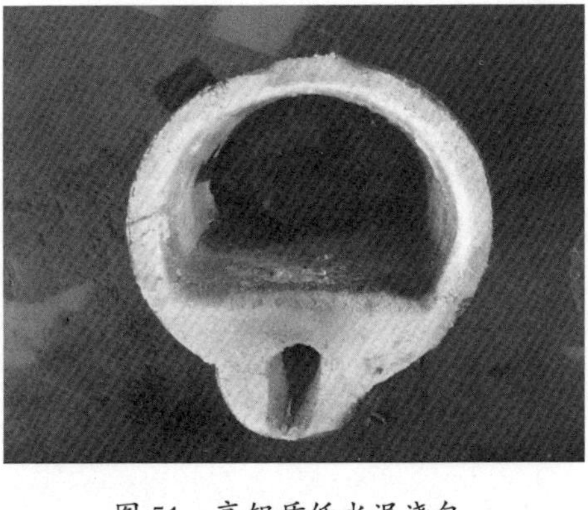

图 51　高铝质低水泥浇包

表 10 高铝质低水泥浇注料成分含量

元素名称	Al_2O_3	SiO_2	CaO	Fe_2O_3	TiO_2
含量 /%	82.3	11.6	1.3	1.6	2.1

石或电熔镁砂 + 水混合均匀后打结，采用无黏结剂的目的是保证高耐火度。与钢水接触较少的则采用同种材料加水玻璃或耐火泥打结，保证湿强度。该浇包的优点是耐火度高、起渣少、打结拆除方便。无论采用哪种方法打结的浇包，使用前必须保证烘烤到位。

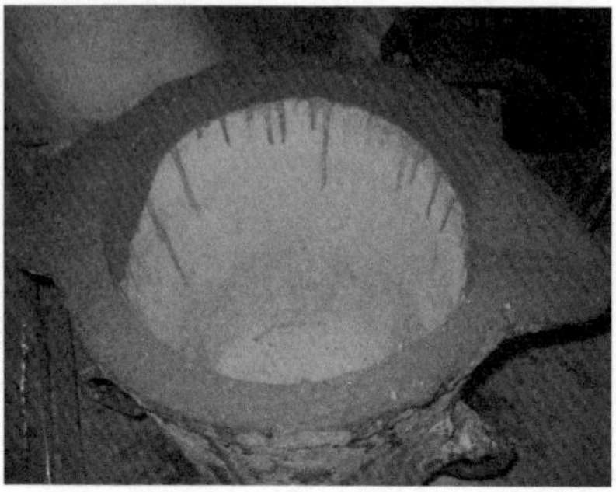

图 52 自配料浇包

采用1t以上的中频炉熔炼生产中大型低合金铸钢件时，一般采用塞杆式底漏包（如图53所示）。对于采用底漏包浇注的，出钢前需扒除旧渣造新渣，钢渣混出，起到防止氧化和保温的作用。底漏包的使用要加强浇包的保温性，可以在浇注料施工前安装纳米绝热板。为减少包衬对钢液的污染，建议选择高耐火度的高铝质低水泥浇

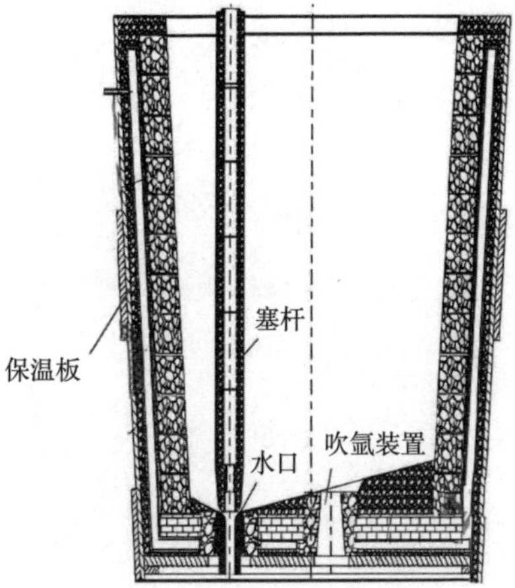

图53　塞杆式底漏包

注料进行打筑浇包。由于钢水进入浇包存在紊流搅拌，容易导致钢水氧化吸气，因此包内不仅需要进行脱氧处理（铝脱氧），还需要进一步净化钢水，排除钢水中的气体和氧化物等杂质。在包底安装吹氩装置（如图 54 所示），可以在包内吹氩精炼净化钢液。吹氩时间根据浇注温度和包内钢水降温情况决定，一般为 2~5min。吹氩结束

图 54 吹氩透气砖的安装图

后，测量温度进行浇注。

浇注包内钢液的脱氧及吹氩精炼操作被称为高纯净度低合金铸钢中频炉熔炼操作法的“净”——钢水的纯净化。

底漏包的使用过程中，要特别注意浇包的烘烤，浇包必须烘烤至通红状态（如图 55 所示），可以用红外线测温枪测量内壁温度，达 800℃时，才能保证钢水在包内的保温效果，这样可避免吹氩降温过快，导致塞杆冻结，堵塞水口。另外，还要特别注意塞杆与水口的配合间隙，塞杆使用

图 55　底漏包烘烤情况

前应先与水口砖进行预配合确认是否有间隙（如图 56 所示），如间隙过大，应对塞杆进行打磨处理，确保无间隙，这样可以有效避免因钢水出现滴漏而导致无法吹氩精炼或者无法进行钢水静置的现象；避免浇注时塞杆关不严造成的跑钢生产安全事故。

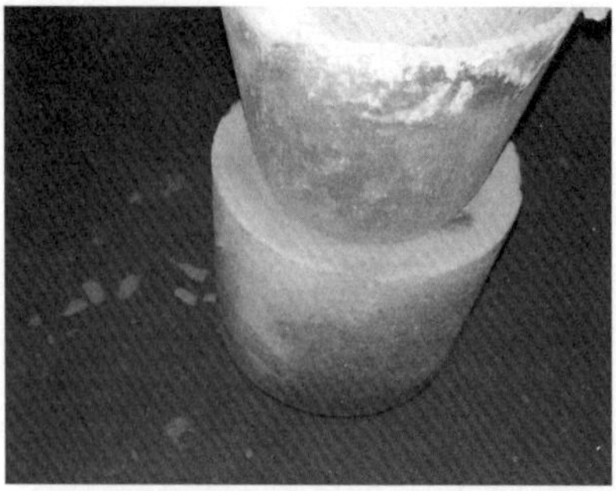

图 56　塞杆使用前与水口砖预配合

三、使用效果

通过低合金铸钢中频炉熔炼操作的“防”“排”“改”“净”四步操作法，能够稳定生产出按 TB2942.1.20 标准 Ⅰ、Ⅲ型粗系、细系夹杂物≤ 1.5 级，Ⅱ、Ⅳ型夹杂物≤ 0.5 级的高内在质量、高纯净度的低合金铸钢件；能够稳定生产出抗拉强度≥ 1500MPa、延伸率≥ 7%、室温冲击（KU2）≥ 25J 的高强度低合金铸钢件。此方法全面应用于高铁铸钢制动盘以及清筛机养路机械耙链铸件的生产中。其中，高铁铸钢制动盘已经生产 15000 片以上；清筛机养路机械耙链铸件每年交付 200 条以上，其内在质量的夹杂物控制水平高于同行业 1 个等级以上，产品市场占有率在 70% 以上。

后 记

铸造是制造业中的传统行业，也是一门“苦、脏、累、险”的技术，特别是熔炼，要面对1500多摄氏度的高温。很多人对它望而却步，转行离开了，包括我的中专同学们。

2018年后，全国、省、市等各级工会出台了大量的产改举措，给了我们产业工人更多的展示平台，让我们能够亲身参与高铁等重大工程装备的生产制造，让我们在地位、待遇、荣誉等多方面有了更多的获得感。我也从一名默默无闻的铸造工一步步成长为大国工匠培育对象，成长为中车集团首席技能专家，有了自己的工作室团队。

我国铸件产量世界第一，是世界第一铸造大

国，但还不是铸造强国。在航空、航天、高铁等大国重器中，还有许多举足轻重的“卡脖子”核心铸件需要我们去攻克。习近平总书记多次强调需要培养更多的高技能人才和大国工匠。在2024年全国“两会”期间，习近平总书记与中车集团的巾帼电焊工孙景南交流时说：“光图纸设计得好还不行，最后要落实到焊工手里。”这句话特别让我有触动：高端铸件不仅要有好的设计，同样还要能够在好的铸造工手里铸造出来。

今后，我将在参与的重大项目和“卡脖子”铸件开发过程中，与工程技术人员一起踔厉奋发、勇于攻坚，同时积极响应工会“劳模工匠进校园”和“劳模工匠助企行”活动，用自己的成长经历激励青少年，用自己的经验和技能助力中小企业高质量发展。

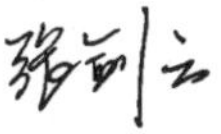

2025年7月

图书在版编目（CIP）数据

张剑云工作法：低合金铸钢中频炉熔炼 / 张剑云著.
北京：中国工人出版社, 2025. 5. -- ISBN 978-7-5008-8543-6

Ⅰ. TG26；TG243

中国国家版本馆CIP数据核字第2025P764H0号

张剑云工作法：低合金铸钢中频炉熔炼

出 版 人	董　宽
责任编辑	魏　可
责任校对	张　彦
责任印制	栾征宇
出版发行	中国工人出版社
地　　址	北京市东城区鼓楼外大街45号　邮编：100120
网　　址	http://www.wp-china.com
电　　话	（010）62005043（总编室） （010）62005039（印制管理中心） （010）62379038（职工教育编辑室）
发行热线	（010）82029051　62383056
经　　销	各地书店
印　　刷	北京市密东印刷有限公司
开　　本	787毫米×1092毫米　1/32
印　　张	3.5
字　　数	40千字
版　　次	2025年8月第1版　2025年8月第1次印刷
定　　价	28.00元

优秀技术工人百工百法丛书

第一辑　机械冶金建材卷

第二辑　海员建设卷

100 ARTISANS AND 100 TECHNIQUES SERIES
蔡连财工作法
半潜船浮装操作
100 ARTISANS AND 100 TECHNIQUES SERIES
常洪霞工作法
公交安全驾驶与服务
100 ARTISANS AND 100 TECHNIQUES SERIES
陈宇航工作法
大型管道装配
100 ARTISANS AND 100 TECHNIQUES SERIES
陈竹祥工作法
汽车漆膜修补
100 ARTISANS AND 100 TECHNIQUES SERIES
程克辉工作法
常用焊接操作技能
100 ARTISANS AND 100 TECHNIQUES SERIES
勾常春工作法
盾构注浆“制一运一注”一体化集成系统
100 ARTISANS AND 100 TECHNIQUES SERIES
李燕肇工作法
古建彩画颜料调制及彩画工艺流程
100 ARTISANS AND 100 TECHNIQUES SERIES
廖明工作法
地铁司机应急处置技能培训
100 ARTISANS AND 100 TECHNIQUES SERIES
魏钧工作法
焊接十步操作法
100 ARTISANS AND 100 TECHNIQUES SERIES
吴喜军工作法
桥梁伸缩缝微创技术
100 ARTISANS AND 100 TECHNIQUES SERIES
翟筛红工作法
古建筑冰纹窗制作
100 ARTISANS AND 100 TECHNIQUES SERIES
竺士杰工作法
远控集装箱岸桥操作法

第三辑　能源化学地质卷

100 ARTISANS AND 100 TECHNIQUES SERIES
陈可营工作法
海洋油气生产绿色数智化设计与应用
程平工作法
钻基60硬质合金真空水冷堆焊
丁正江工作法
焦家式金矿预测勘查
华伶利工作法
松散地层钻进取心
黄兆亮工作法
航改型燃气轮机蜂窝封严钎焊修复
琚永安工作法
架空地线复合光缆的电动旋切
李辉工作法
用试验电压检测变电站一、二次设备交流回路整体组合工况
李祖锋工作法
抽水蓄能电站控制测量方案优化
刘清工作法
煤矿无人化智能开采控制系统
毛玉泉工作法
贵细中药材鉴别应用
齐名工作法
应用STC单片机
秦钦工作法
矿井安全监控设备辅助安装及故障分析处理

100 ARTISANS AND 100 TECHNIQUES SERIES
孙同根工作法
S Zorb装置优化
100 ARTISANS AND 100 TECHNIQUES SERIES
王月鹏工作法
基于绝缘平台的绝缘杆作业法
100 ARTISANS AND 100 TECHNIQUES SERIES
王跃工作法
滴定分析的判断与控制
100 ARTISANS AND 100 TECHNIQUES SERIES
杨新海工作法
车载移动测量技术在实景三维成果质量检验中的应用
100 ARTISANS AND 100 TECHNIQUES SERIES
杨义兴工作法
油田修井现场清洁生产技术应用
100 ARTISANS AND 100 TECHNIQUES SERIES
游弋工作法
煤矿供电系统防晃电设计与应用
100 ARTISANS AND 100 TECHNIQUES SERIES
余姝工作法
高陡峡谷区地质灾害调勘查

第四辑　国防邮电卷

100 ARTISANS AND 100 TECHNIQUES SERIES
高凤林工作法
钢／铝异种金属软钎焊制造
100 ARTISANS AND 100 TECHNIQUES SERIES
曹彦生工作法
航天结构件数控铣削加工工艺
100 ARTISANS AND 100 TECHNIQUES SERIES
陈久友工作法
轻量化金属构件高性能激光焊接
100 ARTISANS AND 100 TECHNIQUES SERIES
陈佐佐工作法
数字化纤芯管理方案
100 ARTISANS AND 100 TECHNIQUES SERIES
洪家光工作法
典型产品车削加工
100 ARTISANS AND 100 TECHNIQUES SERIES
秦世俊工作法
直升机动部关键件、重要件数控加工
100 ARTISANS AND 100 TECHNIQUES SERIES
陶安工作法
高精度、高硬度螺纹环规二次车削及专用夹具
100 ARTISANS AND 100 TECHNIQUES SERIES
王刚工作法
高精度铰孔精准控制
100 ARTISANS AND 100 TECHNIQUES SERIES
徐珺工作法
全光组网安装维护交付

第五辑　财贸轻纺烟草卷

第六辑　农林水利卷

第七辑　金融卷

第八辑　铁路卷